U0015264

在偏僻、荒涼的沼澤裡，
一隻黑色的鳥，
孤獨的在這裡，
度過了寒冷的冬天，
熬過了炎熱的夏天，
忍受著淒涼的寂寞。
牠每天望著天空，
不時盼望和等待，
等著，等著，等著……

哈囉！你好！——濕地裡的野鳥新樂園——

文・圖／劉伯樂

步步出版

社長兼總編輯／馮季眉　編輯／徐子茹、陳奕安　美術設計／李鴻霖

讀書共和國出版集團

社長／郭重興　發行人暨出版總監／曾大福　業務平臺總經理／李雪麗　業務平臺副總經理／李復民

實體通路協理／林詩富　海外暨網路通路協理／張鑫峰　特販通路協理／陳綺瑩

印務協理／江域平　印務主任／李孟儒

發行／遠足文化事業股份有限公司　地址／231 新北市新店區民權路 108-2 號 9 樓　電話／02-2218-1417

Email ／ service@bookrep.com.tw　網址／ www.bookrep.com.tw　法律顧問／華洋國際專利商標事務所・蘇文生律師

印刷／凱林彩印股份有限公司　初版／2020 年 4 月　初版二刷／2022 年 11 月　定價／320 元

書號／1BTI1024　ISBN／978-957-9380-55-3 ◎特別聲明：本書僅代表作者言論，不代表本公司／出版集團之立場。

哈囉! 你好!

── 濕地裡的野鳥新樂園 ──

文·圖 劉伯樂

「你好！」

秧雞是沼澤的原住民，
牠們紛紛從隱密的草叢裡走出來，
很高興迎接從遠方來的朋友。

「哈囉！我們來了」

從遠方來的秧雞，
看到老朋友心情都很愉快。

秧雞們只願意和同類朋友打招呼。

「你好！你好！你們回來了！」

本地鷺鷥都來歡迎遠方來的朋友。

4

「哈囉！哈囉！很高興又見面了！」

大白鷺、小白鷺、蒼鷺、夜鷺⋯⋯
各種鷺鷥見了面，都會親切的和同類打招呼。

「哈囉，小水鴨！」
「哈囉，琵嘴鴨！」

「哈囉，尖尾鴨！」
「哈囉，花嘴鴨！」

「大家好，旅途愉快嗎？」
先來的和後到的水鴨互相打招呼。

「哈囉！哈囉！哈囉！哈囉！」

各種燕鷗先後回到了熟悉的沼澤，
牠們在空中相遇，並且互相問好。

「哈囉，魚狗你好嗎？」
燕鷗也和翠鳥問聲好。

「你好！」 翠鳥勉強回答。
牠不喜歡和外地來的鳥類
分享水裡的食物。

「哈囉！哈囉！哈囉！哈囉！」

各種候鳥都喜歡在這裡度冬，
荒涼的沼澤變得熱鬧起來。

只有黑鳥，孤單的站在枯木上，
沒有同伴，也沒有同類，
沒有一隻鳥願意和牠打聲招呼。

驕傲的反嘴鷸翹著嘴不屑的說：
「那是一隻奇怪的鳥！」

反嘴鷸經過長途飛行，
只顧填飽肚子，
不想和黑鳥打招呼。

「哈囉！哈囉！哈囉！」

陸續抵達的黑面琵鷺
也只和同伴打招呼。

牠們互相炫耀自己的羽毛多麼潔白，
看著全身黑漆漆的黑鳥都議論紛紛。

「黑色不吉祥。」
「好像邪惡的巫婆一樣。」

黑面琵鷺和黑鳥保持著距離。

17

「哈囉！哈囉！哈囉！」

高翹鴴輕聲細語的和同類打招呼。

牠們自以為高貴，
總是遠遠的避開黑鳥。

「哈囉，小可愛！」
「你好，水老鴉！」

只有小鸊鷉是黑鳥唯一的朋友，
牠們常常在水面上游泳玩耍，
在水裡潛水捕魚，
也常常一起在岸上曬太陽。

原來黑色怪鳥名叫水老鴉。

這一天，
空中傳來熟悉的聲音。
一隻、兩隻、三隻……
飛來一群黑色的鸕鷀。

接著……兩群、三群……
好多、好多鸕鷀，幾乎遮蔽了天空。

「呱一呱一呱一呱一」
「哈囉！哈囉！哈囉！」

水老鴉高興的和鸕鷀打招呼。

原來水老鴉是一隻翅膀受傷的鸕鷀。
無法和同伴一起回到北方的故鄉，
只好自己留在沼澤裡，
過著孤獨的生活。

「朋友們，你們終於來了！」
水老鴉高興得流下眼淚。

沼澤區是眾多野鳥喜歡的地方，
有來自不同地區、不同顏色、不同種類的野鳥，
有的在這裡築巢繁殖，有的在這裡避寒度冬，
有的留下來，有的離開了又再回來。
大家共同約定，遵守自然律法，一起創造野鳥樂園。

作者的話

臺灣位於北回歸線附近，地理上屬於北半球偏南的位置。亞熱帶臺灣是生物喜歡的環境，也是候鳥們遷徙的必經之地。

每年秋冬之際，不論是高山、平原、沼澤、海邊……，都可以看到各種野鳥，有土生土長的留鳥，有度冬的候鳥，也有過路或迷途的漂鳥。

在臺灣南部的鰲鼓村，有一片廣袤的海埔地。這裡原是地層下陷，惡水橫流，蚊蚋叢生的海邊濕地，被認定為不適合人類生存的惡地形。曾幾何時，竟然成為各種野鳥聚集的樂園。

平時本地留鳥在這裡覓食築巢、繁殖哺育。從九月初入秋以後，各種候鳥陸續進駐。許多曾經被列為需要保護的稀有鳥類，也成為這裡的常客，而且數量愈來愈多。

本書的主角鸕鷀，本來在臺灣只是零星分布，是難得一見的候鳥。自從牠們發現臺灣有個「流奶與蜜的應許之地」以後，每年都有數量龐大的鸕鷀前來度冬。這支黑色大軍棲息在濕地一隅，休養生息，自得其樂。

野鳥的世界沒有領土國界，不分異同敵我；牠們不會據地為王，也不懂得武裝侵略。雖然我們不懂鳥語，但是身處在這個紛紜雜沓，語音詰舌的鳥世界裡，我依稀可以聽到牠們互相問候：「你好！」和「哈囉！」的聲音。

劉 伯 樂

　　一九五二年生於南投縣埔里鎮，學齡前住在偏遠山區，曾經看見溪魚逆水而上，也砍倒過一棵山櫻花，母親為了他的學業教育「三遷」到平地，成長過程和偉人一樣平凡又自然。

　　文化大學美術系畢業，畫作獲「全國油畫大展」特優獎。隨後進入教育廳兒童讀物出版部擔任美術編輯，並從事插畫工作，插畫作品入選歐洲插畫大展。出版作品曾經獲得：時報開卷好書、讀書人年度好書、中華兒童文學獎、楊喚兒童文學獎、豐子愷圖畫書獎。

認識鸕鶿

　　鳥類有翅膀能飛上天空並不稀奇，大部分鳥類都是飛行高手。雁、鴨、鵝……等鳥類，腳上有蹼善於游水，但是只能游在水面，不能深潛入水。然而，鸕鶿不但能飛在天空來去自如，也可以在水面上優哉游哉，更可以潛入水中獵捕魚類。鸕鶿是陸、海、空三棲全能的鳥類。

　　鸕鶿是候鳥，在地球上南北往返。棲息在湖泊、河、海區域，以捕魚為生。每年秋冬之際，大批鸕鶿遷徙到臺灣，在金門、宜蘭、新竹、嘉義鰲鼓……，只要有豐富魚類水域，都是牠們度冬的樂園。

　　自古以來，人們發現鸕鶿具有捕魚的本領，於是豢養鸕鶿，訓練牠們成為漁家捕魚的幫手。中國灘江地方人稱鸕鶿為「魚鷹」、「烏鬼」或「水老鴉」，並且流傳著「家家養烏鬼，頓頓食黃魚」的諺語。

　　鸕鶿腳上有蹼，嘴尖彎鉤銳利，但這些都不是最佳捕魚的利器。最特別的是鸕鶿具有天生的缺陷……缺乏油脂腺。一般鳥類尾椎部都有油脂腺體，會分泌油脂。我們常見鳥類整理羽毛時，順便用嘴沾取油脂塗在羽毛上，目的是為了防水。塗了油的羽毛有抗水的張力，具有保護作用。而鸕鶿偏偏缺乏油脂腺，鸕鶿的羽毛不具有防水功能，一遇到水全身浸濕，很容易沉潛入水，輕而易舉的在水中活動捕魚。

　　浸了水的羽毛想必也不利於飛行，所以，當我們看到停棲在岸邊的鸕鶿，總是張開著翅膀，就是為了要晾乾濕透了的羽毛。

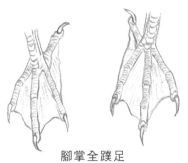

腳掌全蹼足

彎勾尖銳的嘴

沼澤區常見的留鳥

緋秧雞

和灰胸秧雞一樣，都是秧雞科鳥類。
不愛飛行，擅長奔跑和躲藏。

你好！

灰胸秧雞

喜歡住在沼澤區。
個性害羞，愛躲躲藏藏。

竟然有人把我
當作是小企鵝！

你好，
我不是鴨子喔！

夜鷺

常見的鷺科鳥類。
港口、湖泊、沼澤、
公園池塘到處可見。

小鸊鷉

以水為家的小小鳥。
有翅膀不太會飛，有腳也走不好路，
游泳和潛水是看家本領。

你好，
我是未成年的夜鷺。

夜鷺亞成鳥

黃頭鷺

愛站在牛背上撿便宜，
搭便車的鷺鷥鳥。

我是鳥，
人們叫我魚狗，
但我不是魚也不是狗。

翠鳥

又叫作魚狗
生活在水邊。
常站在水邊樹枝上俯望水面下，
一有動靜立刻衝進水中捕魚。

栗小鷺

是小型的鷺鳥。
具有偽裝和擬態的本領。
常站在水邊一動也不動，
耐心等待時機，捕捉獵物。
以青蛙、小魚和昆蟲為食物。

苦啊—苦啊—
你好啊！

白腹秧雞

常見的秧雞。
住家附近的水田、
都市公園裡的池塘，
都有牠們的蹤跡。

黃小鷺

外型、行為和栗小鷺很像。
平時縮起脖子，捕捉獵物時，
慢慢伸長脖子，利用尖嘴衝刺捕魚。

你好，
我會學貓叫

你好！
我愛唱歌。

畫眉

畫眉鳥，喜歡躲在樹叢裡
唱歌，歌聲婉轉嘹亮。
也會模仿發出各種聲音。

褐頭鷦鶯

田野間常見的小鳥，
喜歡在禾草桿上「走鋼索」
表演特技。

黑冠麻鷺

公園裡，樹林下，
常見牠們在潮濕的地面上，
全神貫注捕捉蚯蚓。

草鴞

出沒在甘蔗田和大草原裡的
神祕客，是鼠輩的剋星。
但是也常誤食毒鼠藥，
正面臨著生存危機。

你好，我正在隱形。

你好，
嘎－嘎－嘎－嘎－

棕背伯勞

是特有亞種鳥類。
常見在茶園、菜園、
郊野裡，捕捉昆蟲。

臺灣夜鷹

又叫作蚊子鳥。
三、四月間，夜晚的上空，
聽到「啾一啾」聲音，
是夜鷹在夜空捕捉飛蚊。
白天利用雜草、樹葉、石頭掩護，
隱藏在曠野中。

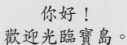
你好！
歡迎光臨寶島。

小白鷺

臺灣農村常見的鷺鷥鳥。
常成群築巢在水邊樹林裡，
鷺鷥林具有社區守望相助
的功能。

大家好，
我是美男子

紅冠水雞

也是水田、湖泊常見的秧雞野鳥。
全身黑色有白斑，頭頂著鮮紅色的冠帽，
走起路來尾巴一翹一翹的，十分招搖。

環頸雉

生長在寬廣的草原和樹叢裡，
雄鳥全身無所不用其極的鮮豔打扮，
目的是以自身為誘餌，吸引敵人的目光，
達到保護雌鳥和幼鳥的安全。

沼澤區常見的候鳥

黑尾鷗

秋冬季節會偶爾出現在海岸、港口附近的鷗鳥。

翻石鷸

身穿花衣服，在海岸礁石或卵石間覓食，

哈囉，
我又來渡假了！

濱鷸

在沙灘或淺水田活動。
體型小，數量大，偶爾
會成群在空中盤旋。

小水鴨

小型的雁鴨科候鳥，常在
寬闊水域停留度冬。
北返時，雄鴨會換裝打
扮，穿上新衣準備回鄉。

哈囉！哈囉！

磯鷸

九月初就飛抵臺灣的候
鳥先遣部隊，
喜歡在水邊活動，走起
路來身體會前後搖擺。

哈囉！鰲鼓濕地
是野鳥樂園。

白冠雞

不常見的秧雞，是候鳥。
在鰲鼓濕地數量愈來愈多。

哈囉！我早就在
臺灣定居了。

花嘴鴨

是大型的雁鴨鳥類，
原是候鳥，後來選擇在臺灣定居。
已經成為北部宜蘭地區常見的留鳥。

雲雀鷸

小型的鷸科鳥類，小群
在淺水域活動，
和麻雀、雲雀長得很像，
不容易分辨。

哈囉！大家好。

蒙古鴴

是不常見的冬候鳥。

哈囉！

小辮鴴

體色造型特殊怪異，卻有
良好的保護作用。
喜歡在休耕的花生田裡活
動，被稱為「土豆鳥」。

小環頸鴴

常見的小型候鳥。
喜歡在潮間帶沙灘上
奔跑覓食。

哈囉！
我已經是臺灣鳥了

琵嘴鴨

雄鴨花俏打扮，雌鴨樸實。
在鰲鼓濕地為數眾多，
是來這裡度冬的主要鳥類。

高翹鴴

是遷徙性鳥類，四處遊走，到處為家。
已有大量族群在臺灣繁殖定居。
紅色長腿，修長體態，映在水面上引人注目。

哈囉，我們每年
都準時來報到。

哈囉，
這裡是我們的第二故鄉。

反嘴鴴

身體黑白相間，細細長長又向上
彎曲的嘴，長相怪異。
遠離人煙，常一大群聚在一起。

黑面琵鷺

曾經是被保護的稀有鳥類，
但是牠們不喜歡被人類看管，
選擇在鰲鼓濕地度冬。
嘴型像湯匙一樣，
在水裡橫掃，捕魚效率很高。

哈囉，
我現在是穿夏裝。

哈囉，
大家好。

池鷺

不常見的鷺鳥。
冬天和夏天穿不同
顏色的羽衣。

灰斑鴴

冬候鳥，雖然普遍
但不常見。

哈囉，
我又來了。

大白鷺

腳長，體型修長高大，
脖子細長，有時呈 S 型彎曲，
張開翅膀約一公尺寬，
是大型的白鷺鷥。

濱鷸

冬候鳥，但不常見。
秋冬換羽，和其他鷸鴴科
鳥類相似，不容易辨識。

赤足鷸

紅色的腳很醒目，也很好辨認。
三三兩兩在田間或沼澤濕地覓食。

蒼鷺

曾經是被保護的稀有鳥類，
也是大型鷺鳥。
在河口海岸和水田裡覓食。

哈囉，
我是雌鴨

哈囉，
我是雄鴨

尖尾鴨

不普遍的冬候鳥，
近年在鰲鼓濕地為數眾多。
雌雄羽色不同，尾巴尖細是
特徵。